LE

CHIEN

LILLE, L. LEFORT

ÉDITEUR.

LE CHIEN

ET

LE CHAT

LE CHIEN

ET

LE CHAT

SIXIÈME ÉDITION

LIBRAIRIE DE J. LEFORT.

IMPRIMEUR ÉDITEUR

LILLE	PARIS
rue Ch. de Muyssart, 24	rue des Sts-Pères, 30

Tous droits réservés.

LE CHIEN

ET

LE CHAT

LE CHIEN

I

Le chien présente à l'homme un compagnon fidèle, un aide adroit et industrieux, un défenseur courageux et prêt à chaque instant à sacrifier ces jours pour ceux de son maître. Cet être, le plus parfait des animaux, puisqu'il réunit une espèce d'esprit, beaucoup de mémoire, et, plus que tout cela, du sentiment, semble devoir être à leur tête. Quoi de plus beau, de plus régulier qu'un chien de belle race et que la domesticité n'a pas fait dégénérer ! Ses qualités intérieures le distinguent plus encore. Orgueilleux, fier envers les autres animaux; ennemi déclaré de quelques-uns, ou par nécessité ou pour notre plaisir; terrible même pour ceux qui le surpassent en force et en grandeur. Avec l'homme, c'est un ami qui, pour lui plaire, n'a plus de fierté ni de hauteur; qui, par une espèce d'abnégation totale de soi-même, cherche sans cesse à captiver son attachement. Il n'a plus de volonté, ou plutôt il n'en a qu'une et qui se renouvelle à chaque instant : celle de servir son maître et de lui prouver son amour. Cette idée l'occupe sans cesse; elle dirige ses actions, anime ses mouvements, enfante ses talents et développe son esprit. Aimer et chercher à être aimé, voilà son but ; obéir, travailler, souffrir, combattre, mourir enfin au service de son maître et pour lui, voilà sa félicité. Ce n'est pas seulement par intérêt qu'il agit ; un meilleur traitement, une nourriture plus abondante ou plus délicate ne sont pas la fin de ses actions : un regard, un sourire qui annonce qu'il n'est pas indifférent, voilà sa récompense la plus flatteuse. Le chien croit toujours en faire trop peu ; il n'a pas assez de facultés pour témoigner, pour prouver son plaisir. Gestes, actions, regards, voix même, tout parle en lui, tout dit qu'il est heureux. A-t-il déplu par une faute qu'il n'a pu prévoir ? voyez avec quelle soumission il s'approche pour en recevoir le châtiment : il souffre sans murmurer; il oublie aussitôt les mauvais traitements qu'il vient de recevoir; il en profite pour se corriger, pour mieux faire, et trouve encore un nouveau moyen de plaire par son redoublement d'exactitude et de docilité. La main qui l'a frappé semble lui devenir plus chère, et loin que les justes châtiments aigrissent son caractère et l'éloignent de son maître, il s'attache davantage à lui.

L'homme veut-il bien lui céder une partie de son empire sur les animaux ? dès cet instant, ennobli, pour ainsi dire, par cette confiance, il commande, il règne par sa vigilance et son exactitude. Son maître dort tranquillement et se repose sur lui du soin de son troupeau. La sûreté, l'ordre et la discipline sont les fruits de son adresse et de son activité. Le troupeau est un peuple qui lui est soumis, qu'il protége, et contre lequel il n'emploie jamais la force que pour y maintenir la paix.

II

Pour obvier aux dangers trop
fréquents dans les Alpes, ces mon-
tagnes inaccessibles et sauvages ,
on y a fondé des hospices dans les-
quels les pèlerins égarés ou indi-
gents trouvent quelque nourriture
et des secours momentanés.

Il est d'usage, dans ces maisons
hospitalières, d'élever de grands
chiens pour rôder le long des
sentiers étroits et tortueux : ces
chiens ont d'ordinaire une bou-
teille clissée remplie d'eau-de-vie

et attachée à leur cou par une chaîne de fer; ils vont la présenter aux voyageurs harassés de lassitude, afin de les réchauffer un peu au milieu des frimas qui les entourent ; puis ils guident leurs pas incertains vers l'hospice qui leur est destiné.

Un de ces chiens, faisant la ronde suivant la coutume, rencontra un petit garçon de six ans, dont la mère était tombée au fond des neiges sans qu'il fût possible de la retrouver. Saisi par la vivacité du froid, épuisé de faim, de douleur et de fatigue, cet innocent était couché sans force au milieu du chemin et s'y lamentait. Le chien accourt à lui, et levant la tête, il lui montre la liqueur restaurante qu'il porte pour le service des voyageurs. Ne comprenant rien à la nature de cette offre, l'enfant tressaille de frayeur et fait un mouvement pour se retirer. L'animal, afin de l'enhardir, lève doucement la patte; il la pose ensuite bien plus doucement encore sur ses petits pieds, il lui lèche les mains engourdies par le froid aigu.

Insensiblement rassuré par ces

démonstrations amicales et paci-
fiques, l'enfant fait un effort pour
se soulever ; mais ses jambes, ses
bras, tout son corps est si glacé,
si raide, si endolori, qu'il re-
tombe aussitôt. Compatissant à
la faiblesse du petit, le chien
trouve un moyen d'y subvenir; il
se couche à plat ventre, s'approche bien près de lui, et par un
signe expressif, il lui fait entendre
de monter sur son dos. L'enfant
s'y coule en effet le mieux qu'il
lui est possible, et s'y tient courbé
en deux. L'animal bienfaisant le
porte ainsi avec une grande pré-

caution jusqu'à l'hospice, où l'on ne manqua point de lui donner tout ce qui était nécessaire pour le réchauffer.

Ce trait produisit une vive sensation dans tous les cantons d'alentour. Un riche particulier se chargea du petit orphelin; il fit même peindre cette touchante aventure par un habile artiste de Berne ; et ce tableau fut ensuite placé dans la maison où le chien hospitalier faisait le service.

III

Le trait suivant est emprunté à

l'histoire de Lyon. Après le siége de cette ville infortunée, parmi les victimes désignées à la mort, se trouvait Jean Bousquié, âgé de trente-quatre ans et père de trois enfants. La cause de son arrestation avait été une balle de cuivre trouvée par des commissaires de sections dans la poche de son gilet. Un de ses enfants venait de la lui donner, mais elle parut une preuve que Bousquié avait fait la guerre aux troupes de la république avec des armes dangereuses et inusitées.

Il était doux et tranquille,

quoique prévoyant son funeste sort. Son chien, appelé Figaro, ne le quittait pas. Toujours à ses pieds lorsqu'il dormait, assis sur ses pattes de derrière lorsque son maître mangeait, il avait l'air pensif et triste, et semblait partager ses maux. Bousquié lui parlait souvent. « Pauvre Figaro, lui disait-il, né comme moi sous le beau ciel du Languedoc, tu as partagé et mes voyages et mes dangers : à la foire de Beaucaire, tu me garantis et des voleurs et des assassins; pendant le siége, tu ne me quittais pas; à la redoute,

2

tu couchais près de moi sur la terre, et, comme moi, tu n'avais pas de quoi manger.

» Maintenant tu me suis en prison. Le jour, la nuit, toujours ami sûr et fidèle, rien ne te distrait de ton inaltérable affection. Pauvre Figaro, tu me regardes, tu gémis plus que moi; tiens, mon compagnon, mange un morceau. »

Les voisins de Boùsquié s'intéressaient à son colloque. Bientôt interrogé, condamné, jeté dans la mauvaise cave, son chien l'y suivit. On conduit Bousquié

aux Brotteaux, son chien l'accom-
pagne et aboie contre ses meur-
triers. Pendant huit jours consé-
cutifs, il revient à la grande
salle et se place à l'endroit où il
a vu son maître. Là il le pleure
et y fait entendre ses gémisse-
ments. En vain un prisonnier de
Villefranche, narguant la mauvaise fortune en faisant bonne
chère, veut s'attacher à ce chien
et remplacer Bousquié; en vain
il le flatte et lui offre les mets
les plus délicats. Figaro regarde
tout d'un œil languissant et ne
touche à rien. La continuité de

sa douleur déchire l'âme, et pour s'épargner ce spectacle, les prisonniers prièrent le guichetier de ne plus laisser pénétrer ce chien dans la salle.

Trois jours après, le guichetier entre et dit : « Figaro ne reviendra plus. Ce soir, je suis allé aux Brotteaux voir la fusillade; mais avant qu'elle commençât, j'ai reconnu ce chien expirant de chagrin et d'inanition à la place où il a vu enterrer son maître. »

Les prisonniers gardèrent le silence; mais chacun d'eux sembla dire en soi : « Faut-il que les chiens soient plus pitoyables que les hommes ! »

I V

On a rapporté dans un journal cet exemple singulier de la sensibilité d'une chienne pour ses petits. « Un particulier avait dans sa meute une chienne qu'il aimait beaucoup et qui avait le privilége de manger et de dormir dans le salon. Il prit le temps qu'elle était absente pour noyer ses petits dans un étang voisin. La chienne, étant revenue quelque temps après, fut inquiète de ne plus les voir : elle fut les chercher ; et les ayant trouvés noyés, elle les apporta les uns après les autres aux pieds de son maître, et lorsqu'elle fut au dernier, elle le regarda fixement et expira sur-le-champ. »

V

On rapporte un trait plaisant d'un chien que l'on nourrissait dans une communauté. Toutes les personnes de la communauté qui arrivaient tard et voulaient prendre leur repas, tiraient une petite cloche, et le cuisinier passait leur portion par le moyen d'une boîte tournante qu'on appelle tour dans les maisons religieuses. Le chien était attentif à tous ces mouvements, parce qu'ordinairement on lui abandonnait quelques os dont il se régalait. Ces revenants-bons ne satisfaisaient pas toujours son appétit; néanmoins il s'en contentait, lorsqu'un jour, n'ayant pu rien attraper, il s'avisa de tirer lui-même le cordon avec sa gueule. Le cuisinier, croyant que c'était une

personne de la communauté,
passe une portion; le chien ne
s'en fait pas faute et l'avale dans
le moment. Le jeu lui paraît doux;
il recommence le lendemain, et,
sûr de sa pitance, ne fait plus la
cour à personne. Cependant le
cuisinier, qui s'était plusieurs fois
aperçu qu'on lui demandait une
portion de plus, porta ses plaintes.
On fait des recherches, on exa-
mine, on surprend à la fin le
drôle, qui ordinairement n'atten-
dait pas que toutes les personnes
de la communauté eussent leurs
portions pour demander la sienne.

On admira la finesse de cet animal; et pour ne pas le priver du
prix de son industrie, on conti-
nua de lui passer sa pitance, que
l'on composait de tout ce qui
était resté sur les assiettes.

V I

Le chien, ce véritable ami de
l'homme, tient une grande place
dans les écrits de nos fabulistes.
Souvent il est le héros des char-
mants récits de La Fontaine, de
Florian, de Phèdre, d'Esope, etc.

Voici quelques petits récits qui pourront intéresser et dont la moralité sera facile à saisir.

Milord était le fidèle gardien de la maison. Quand tout dormait, il était encore éveillé, et quand il y venait des étrangers, il l'annonçait par ses aboiements. Si des animaux malfaisants se montraient dans la maison, il les chassait.

Pour tous ses services, il ne recevait qu'une mauvaise nourriture, condamné à passer l'hiver et l'été couché dans une petite loge sur la paille, en plein air. Si dans l'hiver il venait quelquefois dans la cuisine ou dans une chambre chaude, il était aussitôt chassé.

Le petit *Joli*, le favori de la dame de la maison, était au contraire toujours sur ses genoux ; recevait des biscuits, du lait, des friandises de toute espèce; couchait sur des coussins mollets, dans la chambre chaude et jusque dans son propre lit. Eh ! que faisait-il pour cela ? Rien, rien, rien au monde que d'essayer quelques sauts plaisants, de se laisser tourmenter, de lécher les mains et les joues de Madame.

Hélas ! pensait quelquefois Milord, pauvre bête? il me faut garder la maison et la cour; on ne me donne que du pain et de l'eau, ou un os tout à fait rongé, et je couche au froid sur la paille. Si j'étais aussi petit que *Joli*, je serais bien mieux traité. Mais est-ce ma faute? O destin ! cruel destin ! que tu es injuste envers moi !

Qu'arriva-t-il? *Joli* prenait trop peu l'air ; il n'avait pas souvent assez d'eau fraîche; il se donnait trop peu de mouvement; il se couchait trop près du feu ; il devint trop gras, et enfin enragé dans un été chaud. On le fit tuer.

L'homme qui allait le tuer passa près de Milord, et celui-ci apprit l'aventure de Joli. « Pauvre Joli ! dit-il alors; je te faisais tort de te porter envie, ta trop bonne vie t'a rendu malheureux. »

Soyez content de votre état, quelque médiocre qu'il soit. Les aises, les plaisirs et l'oisiveté ne procurent jamais le bonheur, mais ils causent très-souvent le malheur de cette vie.

VII

Privé de la vue, un mendiant errait çà et là, implorant les se-

cours de ceux qu'il rencontrait ; il
n'avait de guide que son chien, le
fidèle Médor. Un jour, son maître
chancelle, il est sur le point de
tomber: pur événement de hasard,
et voilà tout. Cependant il s'emporte contre Médor : « Maudit
animal, s'écrie-t-il , voilà de tes
tours ! Quoi que je fasse, en quelque endroit que j'aille , tu vas
toujours le nez en avant, le four-
rant partout, sans savoir jamais ni
pourquoi ni comment. Mais de
quelque manière que les choses
tournent, toujours j'en souffre.
Tu grondes ou tu caresses à

contre-temps ; les morceaux qui
s'échappent de ma main te nour-
rissent; et cependant, conduit de
crime en crime, tu veux ainsi
me rompre le cou. Sache à qui tu
as affaire, malheureux animal !
tu apprendras à connaître ton
maître. »

A ces mots menaçants, Médor,
qui voit le bâton levé sur lui, ré-
plique humblement :

« Maître, il n'y a pas de ma
faute, je n'ai pas eu le dessein
de vous offenser. La pierre que
vous avez heurtée se trouvait je-
tée au milieu du chemin. Ecoutez

un instant la voix de la raison ,
et vous verrez que vous ne pou-
vez me blâmer. J'ai mes défauts ,
sans doute; quel chien en est
exempt ? Vous-même , soyez de
bonne foi , n'avez-vous pas plus
ou moins vos caprices, vos fantaisies? La perfection n'est ici-bas
l'apanage de personne; nous de-
vrions tout connaître, et il faut
tout nous enseigner. »

A ces mots, enflammé de co-
lère et ne se possédant plus , le
mendiant jura que Médor ne le
braverait pas davantage.

« Mes caprices, mes fantaisies,

scélérate bête! tiens, reçois le prix de ton beau discours. »

Et d'un coup lourdement asséné, il étend à ses pieds Médor, atteint d'une large blessure.

L'infortuné Médor, avant de rendre le dernier soupir, lui adresse ces paroles :

« Toujours fidèle, je vous ai servi longtemps ; jamais je ne vous ai nui ni cherché à le faire : vous sacrifiez à votre emportement le meilleur, le plus dévoué de vos amis. Sans mon aide, vous allez errer à l'aventure, peut-être vous exposer à mille accidents fâcheux, peut-être vous jeter dans un précipice ou vous briser la tête contre les murailles. Alors, mais trop tard, vous direz en soupirant : « Que n'ai-je encore le fidèle Médor ! »

La raison revint après ce moment d'emportement et reprit alors son empire : le mendiant reconnut son tort; mais Médor n'était plus, et son maître, dépourvu de son guide fidèle, ne cessa de chanceler à tous les pas.

Laissons l'allégorie et la fable, et terminons cette courte notice sur le chien, cet animal si utile et si fidèle, par un trait consigné dans les annales de l'histoire.

VIII

Sous le règne de Charles V, roi de France, un nommé Aubry de Mont-Didier, passant seul dans la forêt de Bondy, fut assassiné et enterré au pied d'un arbre. Son chien resta plusieurs jours sur sa fosse et ne la quitta que pressé par la faim. Il vient à Paris chez un ami intime de son malheureux maître, et par ses tristes hurlements semble lui annoncer la perte qu'il avait faite. Après avoir mangé, il recommence ses cris, va à la porte, tourne la tête pour voir si on le suit, revient à cet ami de son maître, le tire par l'habit, comme pour lui marquer de venir avec lui. La singularité des mouvements de ce chien, sa venue sans son maître qu'il ne quittait jamais, ce maître qui tout d'un coup a disparu, et peut-être cette distribution de justice et d'événements qui ne permet guère que les crimes restent longtemps cachés : tout cela fit qu'on suivit ce chien. Dès qu'on fut au pied de l'arbre, il redoubla ses cris en grattant la terre, comme pour faire signe de chercher en cet endroit. On y fouilla, et l'on y trouva le corps de l'infortuné Aubry. Quelque temps après, ce chien aperçut par hasard l'assassin, que tous les historiens nomment le chevalier Macaire; il lui saute à la gorge, et l'on a bien de la peine à lui faire lâcher prise. Chaque fois qu'il le rencontre, il l'attaque et le poursuit avec fureur. L'acharnement de ce chien, qui n'en veut qu'à cet homme, commence à paraître extraordinaire. On se rappelle l'affection qu'il avait marquée pour son maître, et en même temps plusieurs occasions où ce chevalier Macaire avait donné des preuves de sa haine et de son envie contre Aubry de Mont-Didier : quelques circonstances augmentèrent les soupçons. Le roi, instruit de tous les discours qu'on tenait, fait venir ce chien, qui paraît tranquille jusqu'au moment qu'apercevant Macaire au milieu d'une vingtaine de courtisans, il aboie et cherche à se jeter sur lui.

Dans ce temps-là on ordonnait un duel entre l'accusateur et l'accusé, lorsque les preuves du crime n'étaient pas convaincantes : on nommait ces sortes de combats *Jugement de Dieu*, parce qu'on était persuadé que le Ciel aurait plutôt fait un miracle que de laisser succomber l'innocence. Le roi, frappé de tous les indices qui se réunissaient contre Macaire, jugea qu'il échéait gage de bataille, c'est-à-dire qu'il ordonna le duel entre le chevalier et le chien. Le champ-clos fut marqué dans l'île Notre-Dame, qui n'était alors qu'un terrain vide et inhabité.

Macaire était armé d'un gros bâton; le chien avait un tonneau

percé pour sa retraite et les re-
lancements. On le lâche : aussitôt
il court, tourne autour de son
adversaire, évite ses coups, le
menace, tantôt d'un côté, tantôt
d'un autre, le fatigue, et enfin
s'élance, le saisit à la gorge, et
l'oblige à faire l'aveu de son crime
en présence du roi et de toute sa
cour.

La mémoire de ce chien mé-
rita d'être conservée à la posté-
rité, par un monument qui sub-
siste encore sur la cheminée de
la grande salle du château de
Montargis ; mais nous ajoutons

qu'il faut savoir que ce trait d'histoire y est effectivement consigné,
le temps ayant presque détruit le
tableau sur lequel il est repré-
senté.

LE CHAT

IX

Passons maintenant au chat, si
gracieux dans les mouvements de
sa jeunesse, si utile lorsque, plus
âgé, il nous débarrrsse des rats,
ces hôtes incommodes du logis.
Mais défions-nous cependant de

sa patte de velours, car elle cache des griffes acérées, et la reconnaissance n'est pas toujours le fait de ce diminutif du tigre auquel il ressemble.

Cet animal si joli, si vif, si turbulent quand il est jeune; si patelin, si adroit, si rusé quand il désire quelque chose ; si fier, si libre dans la domesticité ; si traître dans les vengeances; le chat enfin, qui semble réunir tous les extrêmes, est d'une utilité trèsgrande dans nos habitations des villes et des champs. La guerre continuelle qu'il fait pour son seul

intérêt, purge nos habitations
d'ennemis importuns dont les
dégâts multipliés produisent à la
longue de très-grandes pertes. Les
animaux auxquels le chat fait la
guerre, et qu'il détruit, souvent
plus par le désir de nuire que
par besoin, sont indistinctement
tous les animaux faibles et qui
ne peuvent échapper ou à sa force
ou à son adresse. Les oiseaux, les
rats, les souris, etc., deviennent
sa proie ou son jouet. Ce qu'il ne
peut ravir de haute lutte, il le
guette et l'épie avec une patience
inconcevable. Tapi au bord d'un

trou, rassemblé dans le moindre espace possible , les yeux fermés en apparence, mais assez ouverts pour distinguer sa proie, il affecte un sommeil perfide pour tromper l'animal dont il médite la mort. A peine celui-ci est-il hors de son trou, que le chat l'attaque et le saisit. S'il a sur lui un avantage considérable du côté de la force, il s'en amuse pendant quelque temps pour insulter à son malheur. Le jeu commence-t-il à l'ennuyer ? d'un coup de dent il le tue, souvent sans nécessité, et lors même qu'il est le plus délicatement nourri. Le traitement le plus doux, les soins les plus marqués ne peuvent détruire en lui ce naturel indépendant et à demi-sauvage : l'éducation même, perpétuée de race en race, ne l'a point altéré, et, seul de tous les animaux que l'homme a subjugués, le chat a conservé cette fierté et cet amour de la liberté qu'il avait au milieu des forêts. Dans l'enceinte même de nos murs ce sont les greniers, les toits, les endroits déserts et retirés, qui font son séjour ordinaire. Habite-t-il une maison des

champs? la vue de la campagne
ranime bientôt dans son cœur le
goût de la chasse, l'amour de la
guerre. Il part seul, quelquefois
avec un compagnon de rapine,
et porte de tous côtés le désordre
et la désolation. Tantôt, grimpé
sur un arbre, il enlève du nid
de jeunes oiseaux, et, caché par
quelques branchages, il attrape
la mère qui venait apporter de la
nourriture à ses petits infortunés.
Tantôt, pénétrant dans les retrai-
tes des lapins, il les poursuit
jusqu'au fond de leurs terriers.
Souvent il arrive que ses succès

enflamment son courage et lui rendent totalement son esprit d'indépendance. Alors il abandonne les habitations, vit au fond des bois; et la génération suivante reprend insensiblement tous les premiers caractères du chat sauvage.

La forme extérieure du chat est, en général, jolie et agréable : ses proportions sont bien prises, et sa physionomie surtout exprime un air de finesse. Mais entre-t-il en fureur? cette mine si douce, si fine, se change tout d'un coup : sa bouche s'ouvre, ses yeux s'enflamment, ils étincellent; son poil se hérisse, toute sa physionomie n'offre plus qu'un air féroce et furieux ; ses cris sont effrayants, ses mouvements rapides; ses griffes sortent de leurs gaînes, il est prêt à tout déchirer. Alors rien ne l'épouvante : un animal plus fort est loin de l'intimider. Il s'élance, se jette sur lui, le mord ou le déchire d'un coup de griffe; et non moins leste que hardi ; à peine a-t-il frappé, qu'il s'échappe et évite les atteintes de son ennemi.

Ce tableau du chat n'est pas

flatteur sans doute. Son caractère à demi-sauvage, indocile, voleur et traître, ne saurait fournir des couleurs agréables : mais la nécessité nous force d'avoir recours à cet animal, dont nous avons un besoin perpétuel ; et nous devons lui pardonner ses défauts en faveur de ses services.

X

La fable suivante nous le représente sous un aspect qui pourra peut-être nous réconcilier avec lui.

Minette avait un petit chat

4

bien-aimé, qui badinait sans cesse, qui du soir au matin jouait au-dedans et au dehors de la maison ; ses jolis tours enchantaient tout le monde ; peu à peu, à mesure qu'il en trouvait les moyens, il s'échappait pour jouer dans le verger du voisin, sans penser à mal, sans se douter des alarmes qui l'attendaient. En effet, une foule de petits garçons se trouvaient avec des chiens dans le voisinage ; pour la première fois de sa vie, le petit chat éprouve une peur effroyable. Excités par ces malins enfants, les mâtins pour-

suivent à grands cris le jeune chat,
qui fuit en tremblant et cherche
vainement à échapper; les chiens
sont sur ses talons et font un
vacarme affreux. Surpris, c'est
inutilement qu'il cherche à ruser :
l'un déchire sa fourrure, l'autre
lui donne un coup de dent; il
trouve enfin à se cacher dans un
petit trou, qui heureusement lui
offre un asile, car, s'il eût été un
peu plus grand, le pauvre chat
eût été dévoré. Les chiens aban-
donnent leur poursuite, les petits
garçons courent à d'autres jeux;
le chat, tremblant d'effroi, reste

blotti dans son trou jusqu'au lendemain matin, que, épuisé de fatigue, il retourne en hâte à la maison, où il va raconter ses chagrins.

Minette, sa mère, était désolée de son absence; elle miaule, elle le caresse; mais quand elle eût entendu sa triste aventure, elle lui tint ce discours : « A qui, mon fils, devez-vous chercher à plaire, si ce n'est à vos parents, si ce n'est à moi? Pour éviter à l'avenir de pareilles angoisses à votre mère, jusqu'à ce que vous soyez devenu grand, vous ne sortirez plus; restez auprès de moi, ne me quittez jamais ; les chiens et les petits garçons vous feraient un mauvais parti. Soyez obéissant, votre peau sera à l'abri de toute atteinte, et votre mère ne sera plus en proie à de mortelles inquiétudes. »

A combien de petits garçons ne pourrait-on pas adresser le langage de Minette, et combien se trouveraient heureux de suivre de tels avis !

XI

Un chat, étant entré dans l'atelier d'un serrurier, trouva une lime qu'on avait laissé tomber, et la lécha si fort que le sang coula de sa langue; il crut que la lime saignait, et avala le sang jusqu'au moment où il perdit et la langue et la vie.

Qui dépense sans nécessité ne se corrige qu'au moment de sa ruine.

Le méchant se donne souvent la mort en voulant savourer le plaisir de la vengeance ou des mauvaises passions.

—

LE LOUP

ET

LE RENARD

—

Le loup est un des animaux les
plus redoutables de nos contrées
et dont l'appétit pour la chair est
le plus véhément. Cependant, quoiqu'avec ce goût il ait reçu les
moyens de le satisfaire, il meurt
souvent de faim, parce que l'homme, lui ayant déclaré la guerre, et

l'ayant même proscrit dans certaines contrées en y mettant sa tête à prix, le contraint par là de fuir, de demeurer dans les bois, où il ne trouve que quelques animaux sauvages, qui lui échappent par la vitesse de leur course, et qu'il ne peut surprendre que par hasard ou à force de patience.

Naturellement grossier et poltron, le loup devient ingénieux par besoin et hardi par nécessité. Pressé par la famine, il brave le danger, vient attaquer les animaux qui sont sous la garde de l'homme, ceux surtout qu'il peut emporter aisément, comme les agneaux, les petits chiens, les chevreaux; et, lorsque cette maraude lui réussit, il revient souvent à la charge, jusqu'à ce qu'ayant été ou blessé ou chassé, et maltraité par les hommes et par les chiens, il se dérobe autant qu'il peut, à la lumière. Alors, il se retire pendant le jour dans son fort, n'en sort que la nuit, parcourt les campagnes, rôde autour des habitations, ravit les animaux abandonnés, vient attaquer les bergeries, gratte et creuse la terre sous les portes, entre furieux, met tout à mort avant de choisir et d'emporter sa proie. Si ses courses ne lui produisent rien, il retourne au fond des bois, se met en quête, cherche, suit à la piste, chasse, poursuit les animaux sauvages, dans l'espérance qu'un autre loup pourra les arrêter, les saisir dans leur fuite, et qu'ils en partageront la dépouille. Enfin, lorsque le besoin est extrême, il s'expose à tout : il attaque les femmes et les enfants, se jette même quelquefois sur les hommes; et ces excès violents finissent ordinairement par la rage et la mort.

Ennemi de toute société, le loup

ne fait pas même compagnie à ceux de son espèce. Lorsqu'on les voit plusieurs ensemble, c'est un attroupement de guerre, qui se fait à grand bruit, avec des hurlements affreux, et qui dénote un projet d'attaquer quelque gros animal, comme un cerf, un bœuf, ou de se défaire de quelque redoutable mâtin. Dès que leur expédition militaire est consommée, ils se séparent, et retournent en silence dans leur solitude.

Ce que le loup ne fait que par la force, le renard le fait par adresse et réussit plus souvent.

Sans chercher à combattre les chiens ni les bergers, sans attaquer les troupeaux, sans traîner les cadavres, il est plus sûr de vivre. Il emploie plus d'esprit que de mouvement; ses ressources semblent être en lui-même. Fin autant que circonspect, ingénieux et prudent même jusqu'à la patience, il varie sa conduite et veille de près à sa conservation. Quoiqu'aussi infatigable et même plus léger que le loup, il ne se fie pas entièrement à la vitesse de sa course : il sait se mettre en sûreté, en se pratiquant un asile souterrain, où il se retire dans les dangers pressants, où il s'établit et où il élève ses petits. Ce n'est point un animal vagabond, mais un animal domicilié.

Le renard est doué d'un instinct supérieur et tourne tout à son profit. Il se loge au bord des bois, à la portée des hameaux; il écoute le chant des coqs et le cri des volailles. Il prend habilement son temps, cache son dessein et sa marche, se glisse, se traîne, arrive, et fait rarement des tentatives inutiles. S'il peut franchir les clôtures ou passer pardessous, il ne perd pas un instant :

il ravage la basse-cour; il y met tout à mort, se retire ensuite lestement, en emportant sa proie, qu'il cache sous la mousse ou qu'il porte à son terrier. Il revient quelques moments après en chercher une nouvelle, qu'il cache dans un autre endroit; ensuite une troisième, une quatrième, etc., jusqu'à ce que le jour ou le mouvement dans la maison l'avertisse qu'il faut se retirer et ne plus revenir. Même manœuvre dans les pipées et dans les boqueteaux où l'on prend les griffes et les bécasses au lacet : il devance le pipeur, va de très-grand matin, et souvent plus d'une fois par jour, visiter les lacets, les gluaux, emporte successivement les oiseaux qui se sont empêtrés, et après les avoir mis à mort, les dépose tous en différents endroits, où il sait les retrouver au besoin. Il chasse les jeunes levreaux en plaine, saisit quelquefois les lièvres au gîte, déterre les laperaux dans les garennes, découvre les nids de perdrix, de cailles, et prend la mère sur les œufs : il ose même attaquer les abeilles, dont le miel a pour lui beaucoup de charmes. Assailli par ces mouches, dont il est bientôt couvert, il se retire à quelques pas de distance, se roule sur la terre, les écrase, retourne à la charge, et force le petit peuple laborieux à lui abandonner le fruit de ses longs travaux. Enfin, pour dernier trait, si le renard s'aperçoit qu'on ait inquiété ses petits dans son absence, il les transporte tous, les uns après les autres, dans un asile différent.

———

— LILLE, TYP. J. LEFORT. M D CCC LXXIII —

— Lille. Typ. L. Lefort. 1854. —